乡村振兴战略之乡村人才振兴

羊肚菌高效栽培技术

裘源春 主编

yang du jun gao xiao zai pei ji shu

U0349271

中国农业科学技术出版社

图书在版编目（CIP）数据

羊肚菌高效栽培技术 / 裴源春主编. —北京: 中国农业科学技术出版社，
2018. 11（2024.10重印）

ISBN 978-7-5116-3845-8

Ⅰ. ①羊… Ⅱ. ①裴… Ⅲ. ①羊肚菌－蔬菜园艺 Ⅳ. ①S646.7

中国版本图书馆 CIP 数据核字（2018）第 254529 号

责任编辑　徐　毅
责任校对　马广洋
出 版 者　中国农业科学技术出版社
　　　　　北京市中关村南大街12号　　邮编：100081
电　　话　（010）82106631（编辑室）（010）82109702（发行部）
　　　　　（010）82109709（读者服务部）
传　　真　（010）82106631
网　　址　http://www.castp.cn
经 销 者　全国各地新华书店
印 刷 者　北京中科印刷有限公司
开　　本　850mm×1 168mm　1/32
印　　张　2.875
字　　数　80千字
版　　次　2018年11月第1版　　2024年10月第8次印刷
定　　价　25.00元

羊肚菌高效栽培技术

编委会

主　编：裘源春

参编者：吴俊颖　　吴建华　　舒伍星

夏学英　　孙丽娟　　邓贵玲

万胜良　　陈福祥　　苏建萍

王新宇

前　言

　　羊肚菌以其浓郁的香味、清爽脆嫩的口感、丰富的营养和显著的保健价值而被世人所喜爱。我国的羊肚菌产业发展至今，无数勤劳质朴的科研工作者、菇民朋友和羊肚菌爱好者倾注了大量的心血。近年来，随着羊肚菌栽培关键技术的各项突破，羊肚菌在全国范围内商业化种植面积出现爆发式增长。为加快农业产业结构调整，提高江西省食用菌种植管理技术水平，在江西现代农业科研协同创新专项"蔬菜新品种引育及优质安全高效栽培关键技术研究与示范项目（项目编号：JXXTCX2015005-011）"的支持下，江西省鹰潭市农业科学研究院于2016年开展羊肚菌科研工作，针对本地区气候特点以及羊肚菌栽培技术要点、难点，进行一系列基础性试验，结合周边省市成功经验，摸索出一整套羊肚菌菌高效栽培技术。

　　在羊肚菌的示范推广过程中，我们切身感受到广大农民朋友们对羊肚菌高效栽培实用技术的渴望，同时，也为了羊肚菌在全省规模化和产业化的种植中有一个明确的、规范的技术纲要，鹰潭市农科院特组织专家编写《羊肚菌高效栽培技术》一书。在本书的编著过程中，我们始终把握这么3条原则，一是通俗性：尽量减少专业术语的使用频率，语言尽量通俗化。二是实用性：尽量减少羊肚菌基础理论及相关试验的阐述，增加羊肚菌高效栽培技术方面的内容。三是低书价：农民朋友们买得起，愿意买。

本书阐述了羊肚菌的生物学特征、羊肚菌菌种制备、羊肚菌高效栽培技术、羊肚菌病虫草鼠害防治技术以及羊肚菌的采收和初加工等理论知识和实用技术，为农业科技人员和羊肚菌种植户提供了技术参考，本书也可作为产业扶贫培训、脱贫致富培训和新型职业农民培训教材。

由于江西省开展羊肚菌科研时间较短，在羊肚菌栽培技术方面还有不足的地方有待完善，加上编者水平有限，编写时间仓促，书中难免出现错误和遗漏，敬请广大读者予以指正。

在此特别感谢江西省农业科学院微生物研究所、鹰潭市农业和粮食局及有关同仁对本书的出版面世作出的贡献！

编者

2018年6月

目　录

一、羊肚菌概述

（一）羊肚菌分类

羊肚菌在现代菌物分类学上属于真菌界（*Fungi*），子囊菌门（*Ascomytina*），盘菌亚门（*Pezizomycotina*），盘菌纲（*Pezizomycetes*），盘菌亚纲（*Pezizomycetidae*），盘菌目（*Pezizales*），羊肚菌科（*Morchellaceae*），羊肚菌属（*Morchella*）。

羊肚菌属分为3个大的类群：黑色羊肚菌群Black morels、黄色羊肚菌群Yellow morels、红棕色羊肚菌群Blushing morels。

（二）羊肚菌主要栽培品种及其形态特征

目前，人工栽培成功的羊肚菌主要为黑色羊肚菌类中的梯棱羊肚菌、六妹羊肚菌、七妹羊肚菌等。另外Mel-21（拉丁学名/中文名暂未定）已经能够人工栽培，但产量很低，$1 \sim 10$个/m^2。

1. 梯棱羊肚菌（图1-1）

梯棱羊肚菌（*Morchella importuna*）是近年来我国成功驯化的一个重要羊肚菌品种，因该品种的菌盖表面从上至下明显的脊和脊与脊之间的横隔，使其如梯子一般而得名。该种在我国四川省、云南省、鄂西南地区分布，是目前中国羊肚菌人工栽培的主要品系。

图1-1　人工种植的梯棱羊肚菌

梯棱羊肚菌的形态特征（图1-2、图1-3）：子囊果6.0～20.0cm高，菌盖3.0～15.0cm高，最宽处2.0～9.0cm，圆锥形至宽圆锥形，偶见卵圆形；12～20条竖直方向的主脊以及大量交错的横脊，呈现出梯子一样的阶梯状；菌柄与菌盖连接处有2～5mm深，2～5mm宽的凹陷；脊光滑或具轻微绒毛，幼嫩时苍白色至深灰色，随着成熟逐渐变为深灰棕色至近乎黑色；幼嫩时脊整体上钝圆状，成熟后变得锐利或侵蚀状；凹坑在各个发育阶段上呈竖直方向延展，光滑或具轻微绒毛，老熟后呈开裂状，从幼嫩时的灰色至深灰色随着成熟逐渐变为棕灰色、橄榄色或棕黄色；菌柄3.0~10.0cm高，2.0~6.0cm宽，通常基部成棒状至近棒状，表面光滑或偶见白色粉状颗粒，成熟过程中逐渐发育有纵向的脊和腔室，特别是在菌柄基部的位置；菌柄白色至浅棕色，菌肉白色至水浸状棕色，中空，1~3mm厚，菌柄基部有时呈叠状腔室；不育的内层表面白色，具绒毛；八孢子囊孢子，（18~24）μm×（10~13）μm，椭圆形，光滑，同质；子囊（125~300）μm×（10~30）μm；圆柱形顶端钝圆，无色；侧丝（150~250）μm×（7~15）μm，圆柱形具圆形到近棒状、近锥形或近纺锤状的顶端有隔，2%的KOH呈无色至棕褐色；不育脊上的刚毛（125~300）μm×（10~35）μm，有隔，2%的KOH无色或棕色至棕褐色，顶端细胞圆柱状具圆形顶部，近头状、头状、近圆锥状或近纺锤状。

图1-2 梯棱羊肚菌的形态

图1-3 成熟采摘的梯棱羊肚菌

2. 六妹羊肚菌（图1-4）

六妹羊肚菌（*Morchella sextelata*）和梯棱羊肚菌一样，是近年来中国羊肚菌大田栽培模式下成功驯化的黑色羊肚菌品种。该种的定名是因为在系统发育学分类的编号是Mel-6，故此而得名。

图1-4　人工种植的六妹羊肚菌

六妹羊肚菌形态特征（图1-5）：子囊果高4.0～10.5cm，菌盖长2.5～7.5cm，最宽处2.0～5.0cm，圆锥形至宽圆锥形；竖直方向上有12～20条脊，很多是比较短的，具次生脊和下沉的横脊，菌柄与菌盖连接处凹陷深2～4mm、宽2～4mm，脊光滑无毛或具轻微绒毛，幼嫩时苍白色，随着子囊果成熟颜色加深呈棕灰色至近乎黑色，幼嫩时脊钝圆扁平状，成熟时变得锐利或侵蚀状；凹坑呈竖直方向延展，光滑，暗棕褐色至黄白色，粉红色或近黄色；菌柄长2.0～5.0cm，宽1.0～2.2cm，通常呈圆柱状或有时基部似棒状，光滑或有轻微的白色粉状颗粒物，菌柄白色，肉质白色，中空，厚1~2mm，基部有时有凹陷腔室；不育的内表层白色，具短绒毛；八孢子囊孢子（18~25）μm×〔10~16（~22）〕μm，椭圆形，表面光滑，同质；孢子印亮橙黄色；子囊（200~325）μm×（5~25）μm；圆柱形顶端钝圆，无色；侧丝（175~300）μm×（2~15）μm，圆柱形具圆形、尖、近棒状或近纺锤状的顶端，有隔，2%的KOH呈无色状；不育脊上的刚毛（50~180）μm×（5~25）μm，有隔，紧密堆积在一起，2%的KOH棕色至棕褐色，顶端细胞圆柱状具圆形、近纺锤形或近棒状的顶端。

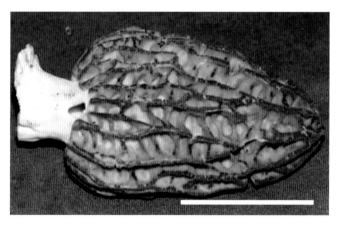

图1-5　六妹羊肚菌的形态特征

3. 七妹羊肚菌（图1-6）

七妹羊肚菌（*Morchella septimelata*）对应的是系统发育学种中的Mel-7，和六妹羊肚菌为姊妹品种。

图1-6　人工种植的七妹羊肚菌

　　七妹羊肚菌形态特征（图1-7、图1-8）：子囊果高7.5～
20.0cm，菌盖长4.0～10.0cm，最宽处3.0～7.0cm，圆锥形
至近七妹羊肚菌形态特征，标尺5cm（Kuo et al. 2012）圆锥
形；竖直方向上有14～22条脊，大多比较短，具次生脊和横
脊，菌柄与菌盖连接处的凹陷深1～3mm、宽1～3mm，脊光
滑无毛或具轻微绒毛，幼嫩时棕褐色至棕色，随着子囊果成
熟颜色加深呈深棕色至黑色，幼嫩时脊钝圆扁平状，成熟时
变得锐利或侵蚀状；凹坑呈竖直方向延展，光滑，颜色变化
从幼嫩时的黄褐色至黄褐棕色、粉红色或棕褐色加深到成熟
时的棕色至棕褐色；菌柄长3.4～10.0cm，宽2.0～5.0cm，通
常基部似棒状，顶端略微扩张变大，具白色粉状颗粒，菌柄
白色，随着标本的老熟，颜色变深至棕褐色；肉质白色，中

空，厚1～2mm，基部有时有凹陷腔室；不育的内表层白色，具短柔毛；八孢子囊孢子〔（17～）18～25（～30）〕μm×15（～20）μm，椭圆形，表面光滑，同质；孢子印亮橙黄色；子囊（175～275）μm×（12～25）μm；圆柱形顶端钝圆，无色；侧丝（100～200）μm×（4～12.5）μm，圆柱形具尖的、近棒状或近纺锤状的顶端，有隔，2%KOH无色；不育脊上的刚毛（60～200）μm×（7～18）μm，有隔，2%的KOH棕褐色，顶端细胞近棒状（少量的近头状或不规则形状）。

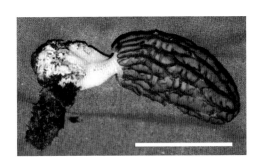

图1-7　七妹羊肚菌的形态特征

图1-8　人工种植的七妹羊肚菌

（三）羊肚菌的营养和药用价值

羊肚菌风味独特，味道鲜美，嫩脆可口，营养极为丰富。它既是宴席上的珍品，又是医学中久负盛名的良药，过去常作为敬献皇帝的滋补供品。而如今羊肚菌已成为出口西欧国家的高级食品，是一种不含任何激素，无任何副作用的天然保健食品，是人类最理想的健康食品。

1. 羊肚菌营养价值

羊肚菌的营养相当丰富，据测定，羊肚菌含粗蛋白20%、粗脂肪26%、碳水化合物38.1%，还含有多种氨基酸，特别是谷氨酸含量高达1.76%。因此，有人认为是"十分好的蛋白质来源"，并有"素中之荤"的美称。

人体中的蛋白质是由20种氨基酸搭配而组成的，而羊肚菌就含有18种，其中，8种氨基酸是人体不能制造的，但在人体营养上显得格外重要，所以，被称之为"必需氨基酸"。另外，据测定羊肚菌至少含有8种维生素：维生素B_1、维生素B_2、维生素B_{12}、烟酸、泛酸、吡哆醇、生物素、叶酸等。羊肚菌的营养成分，可与牛乳、肉和鱼粉相当。因此，国际上常称它为"健康食品"之一。

2. 羊肚菌的药用价值

羊肚菌性平，味甘寒，无毒；有益肠胃、助消化、化痰理气、补肾壮阳、补脑提神等功效，另外，还具有强身健体、预防感冒，增强人体免疫力的功效。

（1）抗肿瘤。羊肚菌含抑制肿瘤的多糖，抗菌、抗病毒的活性成分，具有增强机体免疫力、抗疲劳、抗病毒、抑制肿瘤等诸多作用。

（2）防癌抗癌。羊肚菌所含丰富的硒是人体红细胞谷胱甘肽过氧化酶的组成成分，可运输大量氧分子来抑制恶性肿瘤，使癌细胞失活；另一方面能加强维生素E的抗氧化作用。硒的抗氧化作用能改变致癌物的代方向，并通过结合而解毒，从而减少或消除致癌的危险。

（3）提高性欲。有资料表明，羊肚菌含有天然药物成分"荷尔蒙"及大量的精氨酸成分，可促进男性的性欲提高。

（4）减肥美容。羊肚菌对减肥和美容也有功效，特别是对女性经常食用羊肚菌不但可以美容、增白，还可以消除面部黑斑、黄斑、雀斑、暗疮等作用，还能使皮肤长期保持细腻、嫩白、光滑。

（5）适宜人群。一般人群均可食用，最适宜中老年人、阳痿、早泄、性功能减退、性欲冷淡的人、妇女、脑力工作者食用。

（四）羊肚菌产业的开发前景

作为一个新兴的食用菌栽培品种，羊肚菌人工栽培具有市场需求大，产业效益高，扶贫作用强，资源利用率高等发展优势。未来几年，羊肚菌人工栽培将进入快速发展期，在栽培技术、发展规模、精深加工等都将实现突破性进展。

1. 羊肚菌具有较高的营养价值，市场需求空间巨大

羊肚菌受消费能力的影响，国内消费市场主要还是集中

于高档酒楼或星级宾馆等餐饮单位，而普通老百姓由于其昂贵的价格而无力消费。随着我国城镇居民生活水平的不断提高以及健康消费理念的不断普及，作为一种营养和药用价值极高的珍稀菌类，其营养及医用保健将进一步被市场认可，国内消费市场蕴含巨大潜力。

在国外市场，美国、日本和欧洲国家的消费者十分偏爱羊肚菌产品，是高档宴席上不可或缺的菜品，这些国家和地区也是我国羊肚菌出口的主要方向，占全国羊肚菌产量的70%~80%。据了解，目前美国的羊肚菌鲜品市场价格在每500g 8~12美元，接近或略高于国内价格，而在法国超市里羊肚菌甚至卖到1kg干品5 000元的"天价"，在国际市场上还有很大的拓展空间。

2. 投入产出比和市场回报率高

目前，羊肚菌人工栽培成本每亩需要8 000~10 000元（主要是土地、大棚遮阳网等基础设施，菌种和营养辅料以及管理采收人工费用等），以亩产100~300kg鲜菇。单价120~200元/kg计算，亩产值可达15 000~40 000元/亩，纯利润5 000元以上，相比种植水稻、小麦、玉米等传统农作物产值要大得多。另外，羊肚菌人工栽培生产周期短，耗费的劳动力成本相对较低，整个生产季节基本上属于农闲时节，非常适合家庭农场的生产模式。

3. 发展羊肚菌人工栽培符合国家产业扶持政策

羊肚菌产业既是绿色产业，又是高端产业。它不仅优化食用菌产业结构，推进农业提质增效，还推动了农业供给侧结构性改革；同时，羊肚菌种植在农业增效、农民增收和推进新农村建设上优势明显，是一重要的扶贫项目。

4. 羊肚菌人工栽培大幅提高土地利用率和经济效益

羊肚菌人工栽培仅需要少量木材或不用木材，按当前的栽培技术核算，亩需求木屑仅0.2t，消耗稻草0.6t。羊肚菌生产起到保护林木资源，有效消耗秸秆、稻草的作用。目前羊肚菌栽培多采用菌稻轮作、菌菜轮作、菌果轮作等模式，可以开发利用冬闲田，大幅提高土地利用率和经济效益；它还可以充分利用农村剩余劳动力，让其就地就近、就业增收。

二、羊肚菌生物学特性

（一）羊肚菌生活史

作为子囊菌，羊肚菌的生活史周期复杂且有一定的代表性。Volk观察了羊肚菌的生活史周期，并于1990年提出了相对完整的羊肚菌生活史（图2-1）。羊肚菌的生活史可以从2个方向来阐述。

（1）羊肚菌的子囊孢子可以在适宜的条件下萌发，生成尚未发生质配的初生菌丝。当外界条件改变，不适宜菌丝进一步营养生长时，如温度不利，水分不足，养分枯竭等条件存在时，初生菌丝则可直接形成菌核。这些初生菌核能够越冬并且在春天萌发，形成可能产生子实体的菌丝，若无适宜的条件，即没有合适的环境或营养条件时，则初生菌核萌发，形成新的初生菌丝，再次进行营养生长。

（2）羊肚菌子囊孢子萌发生成的初生菌丝，与另一亲和性初生菌丝发生相互作用，相互融合而产生稳定的异核体菌丝，2个基因型不同的核能因遗传互补作用而亲和。如果条件不利于进一步生长，则形成异核菌核。经受冬季冷冻及早春融化条件影响后，异核菌核有2个萌发方向：形成次生菌丝，继续进行营养生长；形成子实体，进而发生有性生殖，羊肚菌有性生殖可以产生子实体，而无性生殖是否产生子实体尚有争论。但可以确定的是，羊肚菌生活史周期中，菌核的形成是十分重要的。研究表明，菌核是羊肚菌子实体形成的必经阶段。

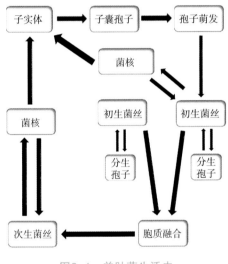

图2-1　羊肚菌生活史

（二）菌子实体形态特征

羊肚菌的子实体即子囊果，单生或丛生，肉质，稍脆。由菌盖、菌肉、菌柄组成。

1. 菌盖

近球形至卵形、长三角形，顶端尖或钝圆，表面由纵横交织的垂脊、横脊分隔出许多小凹坑或陷坑、网格，外观似羊肚。小凹坑内表面分布子实层，子实层由子囊和侧丝、子囊孢子（图2-2）组成。菌盖中空，内壁粗糙，白色、灰白色、蓝灰色，有大小均匀的刺突物组成。

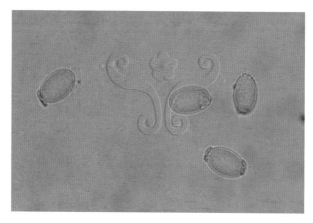

图2-2　羊肚菌孢子

2. 菌肉

白色，近白色，肉质，厚1～3mm。

3. 菌柄

与菌盖的边缘直接连接，粗大，颜色稍比菌盖浅，近白色或黄色，长5～10cm，直径1.5～4.5cm，幼时外表有颗粒状突起，后期变平滑，基部膨大，有不规则凹槽，使子囊果内部与外部空间直接连通，中空。在栽培过程中，一些巨大子囊果的菌柄基部有时形成一个片状或不规则形状的肉质假根，但在野生标本中少见。成熟后的不同物种子囊果表面的小凹坑形状、大小、深度、颜色等往往差异很大，是区分不同物种的重要特征。

（三）菌丝、菌丝体（菌核）

菌丝（图2-3）：在显微镜下观察，主干菌丝白色、透明，光滑，直径10~22.5um，菌丝尖端呈多指状或树枝状分枝，开始分枝少，而后逐渐增多并交织成网格状，构成一个复合的整体。培养后期的气生菌丝容易老化，细胞变短，空瘪，不坚挺，最后干瘪死掉。

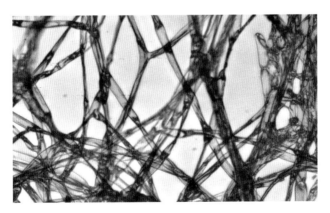

图2-3　羊肚菌菌丝显微镜观察

菌丝体（菌核）：羊肚菌的菌核分为基内菌核和气生菌核。一般先形成基内菌核，再形成气生菌核。基内菌核是由基内菌丝逐渐形成毡状、点状或片状的菌核团或菌核堆。幼菌核呈淡黄色，然后逐渐变为杏黄色、棕色、深棕色，最后变为污棕色老龄菌核团（堆）。气生菌核由气生菌丝尖端开始形成淡黄色点状菌核，并逐渐增多形成菌核堆，其颜色变化为淡黄色→中间棕色→棕色→污棕色。不管是基内菌核，还是气生菌核；不管是幼龄菌核，还是老龄菌核，它都具有很强的再生能力。菌核内部有许多油滴状脂类物质，是进一步发育所需的储备营养。此时，菌核可耐低温和干燥等不利环境。

（四）羊肚菌营养特性

羊肚菌生长所需的各种营养如天然物质提取物、碳源、氮源、矿质元素等其物质成分的种类和浓度对菌丝体和子实体都有显著的影响。

羊肚菌的营养类型主要有土腐生型、菌根型—共生类型等，共生类型中的羊肚菌物种能和很多植物形成共生的外生菌根菌，特别是黄色类群的物种，目前还不能或者还无法人工驯化。现在主栽的羊肚菌物种属于土腐生性菌，为土腐生类型。主要靠土壤中有机质、有机化合物、矿物质等各种营养成分生长，与其他物种没有任何共生或寄生关系。但土腐生类型的羊肚菌和担子菌等腐生类型蕈菌相比有显著不同，一是羊肚菌必须把菌种混合在土壤中，菌丝体长满土层以后才会形成子实体，如果用大量纯料培养再覆土，绝对不会出菇；二是土腐生类型的羊肚菌必须生长在有机物浓度很低的土壤中才能正常形成子实体，如有机物浓度超过一定数量，子实体形成的数量将很少或不会形成，而担子菌则不存在这个问题。羊肚菌的营养类型如下。

1. 天然原料提取物

麸皮、松针、玉米粉、黄豆粉、麦芽、米糠、蕈菌子实体、马铃薯、树枝、树叶、竹叶、竹枝等天然原料的细粉状物或热水提取物均可作为培养基进行羊肚菌菌丝体培养，其最佳浓度为1~10g/L，浓度太高太低都不适宜羊肚菌生长，高浓度培养基中气生菌丝生长较好，但是菌丝生长缓慢，菌丝浓密，菌核数量较多。

许多研究者发现，木材提取液、苹果提取液、番茄汁、麦芽提取液对羊肚菌生长有促进作用，认为它们可能为羊肚菌提供了某种活性物质。

2. 碳氮源

适合羊肚菌菌丝体生长的碳源有淀粉、蔗糖、葡萄糖、果糖、麦芽糖、乳糖、纤维素、木质素、多糖等

适合羊肚菌菌丝体生长的氮源包括有机氮、无机氮。有机氮源中，蛋白胨、酵母粉、牛肉膏、玉米粉、黄豆粉麸皮等均适宜；无机氮源有各种铵盐、硝酸盐、亚硝酸盐、尿素等羊肚菌能在较大碳氮比范围内生长，C/N为（20~80）:1，C/N为60:1时所得菌丝体干重最大，每50mL 0.156g。

3. 矿质元素

研究表明，高浓度的钾、钠、镁、铜、铁、钙等离子，

对羊肚菌菌丝体生长有明显的抑制作用。

（五）羊肚菌生长环境

羊肚菌菌丝体和子实体生长的环境条件包括：温度、湿度、光照、空气、土壤（pH值）等。

1. 温度

羊肚菌属低温高湿型真菌，自然界春季3—5月雨后多发生，秋季8—9月也偶有发生，但数量很少。羊肚菌生长期长，除需较低气温外，还需要温差，刺激菌丝体分化。

菌丝生长最适温度为20~24℃，低于5℃生长速度缓慢，但菌丝体健壮浓密；高于35℃菌丝体生长受阻，甚至死亡。

菌核形成温度为16~21℃；子实体形成与发育最适温度为8~16℃，低于8℃或高于18℃，不再形成原基，并造成原有原基大量死亡。

2. 湿度

羊肚菌菌丝生长适宜的培养料含水量为60%~65%；播种后菌丝生长期间，空气相对湿度控制在60%~70%。催菇期，整体保持土壤水分在25%~35%；增加棚内空气湿度至85%~95%。出菇后棚内相对湿度保持在80%~90%，保证空气湿度和幼菇正常生长即可。土壤水分含量25%~32%，高于播种期，低于催菇期。

3. 光照

羊肚菌菌丝生长阶段不需要光照，但微弱的散射光有利于羊肚菌子实体的生长发育，强度为10~100lx，强烈的直射光则有不良的影响。

4. 土壤（pH值）

土壤pH值要求在5~8.5，中性或微碱性（pH值6.5~7.5）有利于羊肚菌生长。羊肚菌常生长在石灰岩或白垩土壤中。在腐殖土，黑、黄色壤土、沙质混合土均能生长。若土壤过酸，可酌情撒施石灰或草木灰进行调节，一般亩施石灰50~100kg，草木灰200kg左右。

5. 空气

羊肚菌为好氧性真菌，足够的氧气对羊肚菌的正常生长发育是必不可少的。土壤含水量过高，导致缺氧，菌丝体大量死亡，因此，必须处理好土壤中水分和空气之间的关系，土壤含水量绝对不能太高。

三、羊肚菌菌种制备

（一）原始菌种分离与纯化

采集本地野生或栽培羊肚菌新鲜子实体，常规组织分离得到纯菌种。多孢分离得到纯菌种。作为一种子囊菌，羊肚菌的菌种性能与其他食用菌不同，最大的缺点就是容易退化、变异、生霉。因此，自行分离的菌种最好通过专家详细鉴定，分离所得菌种，每一支试管母种都要进行出菇和比较试验。

（二）羊肚菌一级菌种（母种）生产

培养基配方：土壤或其他天然原料如：麸皮、或米、或小麦粒、或黄豆粉、或木屑、或松针、或马铃薯、或干麦芽、或鲜麦芽，可以是一种或者多种的组合（下同）50～200g，葡萄糖或蔗糖或红糖20～25g，蛋白胨或酵母粉1～2g，琼脂20～22g，pH值自然。

土壤或其他天然原料加120～1 300mL清水煮沸200分钟，过滤后在滤液中加入其他成分和琼脂，溶解后分装在试管中，121.6℃高压灭菌30分钟后摆放成试管斜面，柱状培养基，室温下放置3~7天，待培养基表面余水干后才能使用，否则会被细菌感染。接种要求在接种箱内通过药物灭菌进行，将第一代纯母种挑取黄豆大一块带菌丝的培养基，放入空白培养基上，每支母种可接10~15支，无菌接种后，25℃培养5~7天，斜面长满菌丝，5~8天开始形成菌核。单根菌丝粗壮，菌落边缘的菌丝肉眼可识别，菌落表面菌丝体为淡黄色、黄褐色，试管壁上有气生菌丝，下面表面会形成大小、形状不同的菌核。

显微镜下观察，羊肚菌优良母种菌丝生长均匀，气生菌丝旺盛，爬壁力强，边缘菌丝向外辐射状或放射状排列、尖端不内卷；而老化的菌种则出现大量干瘪的气生菌丝，且尖端内卷（图3-1）。

图3-1　羊肚菌试管母种

（三）羊肚菌二级菌种（原种）生产

培养基配方：麦粒49%~65%，草粉或木屑30%~50%，石膏1%，含水量60%~62%，pH值自然，麦粒要事先用1%

石灰水浸泡12～16小时，培养料水分含量65%，即用手抓原料，有力捏压，手指缝隙内有水渗出，但不下滴。将培养料装入玻璃或聚丙烯菌种瓶中，装料时，培养料既不宜太松，也不宜过紧。装好后，洗瓶口、底部和表面，用双层聚丙烯膜封口，橡皮筋固定，121～125℃高压灭菌2～4天冷却。在无菌条件下接入一级斜面菌种，斜面长度5～10mm，每只试管斜面菌种接种6～8瓶，20～25℃避光条件下培养15～25天（图3-2、图3-3），菌丝满瓶后备用。

图3-2　培养15天长有菌核的原种

图3-3　培养25天的羊肚菌原种

（四）羊肚菌三级菌种（栽培种）生产

　　栽培种生产的容器既可选用玻璃菌种瓶，也可选择聚丙烯菌种瓶，还可选择聚乙烯或聚丙烯食用菌菌袋，各有优缺点。目前，商业化菌种厂一般采用乙烯或聚丙烯食用菌菌袋生产三级菌种（栽培种）（图3-4）。

　　三级袋装菌种（栽培种）（图3-5）培养基主料配方：小麦40%~50%，木屑40%~50%，谷壳4%~5%石膏1%，腐殖土5%，含水量60%~65%，pH值自然。培养基主料拌和均匀后装入菌袋中，菌袋大小为35cm×15cm的聚乙烯或聚丙烯食用菌菌袋，常规高压灭菌。冷却后，在无菌条件下在菌袋一端接入二级固体菌种，接种量3%~5%。先用25℃避光条件下培养15天，后期在20℃避光条件下培养10~15天，使菌丝体长满培养基，表面形成菌核。25～30天即可大田播种。

固体培养基长满菌丝后、表面黄褐色、褐色、紫褐色。培养料紧实，较坚实、敲击声音清脆，表面有分布、大小都不均匀的黄褐色斑块状菌核产生。

在三级菌种（栽培种）培养过程中，由于菌丝自身呼吸作用，菌袋本身的温度高于室内气温，尤其在培养的中后期或摆放过密的地方，菌袋本身的温度可高于室内气温5℃左右，因此，要定期观察菌袋本身的实际温度，避免高温对菌丝的伤害。

图3-4　羊肚菌栽培种培养

图3-5　羊肚菌袋装栽培种

（五）羊肚菌营养补充袋生产

营养补充袋又称营养袋，外援营养袋，二次料袋等，由四川省林业科学院谭方河先生原创。营养补充袋是羊肚菌栽培过程中的一项重要措施，在栽培过程中如没有实施，则一般不会出菇。

补充袋培养料配方：麦粒30%～50%，草粉或木屑40%～55%，谷壳10%～20%，石膏1%，含水量63%～65%，pH值自然。用量为1 800～2 000袋/亩，即4～5个/m²。在摆放料袋前1～2天制备。

培养基主料拌和均匀后装入菌袋中，菌袋大小为（12～14）cm×（24～27）cm聚乙烯或聚丙烯食用菌菌袋，用橡皮筋或细绳扎紧袋口，常规方法进行高压灭菌。冷却后，即在大田中摆放。

四、羊肚菌高效栽培技术

　　羊肚菌种植模式按培养料分无料栽培和有料栽培；按栽培设施分露天栽培、小拱棚栽培、塑料大棚栽培等；按场地分冬闲田栽培、旱地栽培、林下栽培等。目前羊肚菌种植模式主要有塑料大棚种植（图4-1）、大田（冬闲田）中、小拱棚种植（图4-2）、林下小拱棚种植（图4-3）等，下面就塑料大棚种植、大田（冬闲田）小拱棚种植这2种模式的高效栽培技术做主要介绍。

图4-1　羊肚菌种植简易塑料大棚

图4-2　羊肚菌种植大田　　　图4-3　林下小拱棚种植
（冬闲田）小拱棚

（一）塑料大棚高效种植技术

塑料大棚种植其优点是新增投入少，保温效果好，抗风、雨、雪、极端低温等自然灾害，土壤肥力高，易高产、稳产；缺点：一是面积受限；二是2—3月晴天中午易产生高温危害，在高温高湿条件下引起子实体腐烂，特别是3月，危害严重；三是顶膜的存在减少了空气垂直对流，棚中部地区（特别是长棚）会出现氧气不足的问题。

前茬一般为辣椒、茄子、瓜果等蔬菜类作物，10月中下旬收获，土壤消毒后即可播种。翌年3月底羊肚菌栽培结束，4月接着种植蔬菜，有条件的地方在9—10月翻耕淹水，11月继续种植羊肚菌；也可种植蔬菜至第三年，再种植羊肚菌，即蔬菜→羊肚菌→蔬菜→水淹→羊肚菌→蔬菜，或蔬菜→羊肚菌→蔬菜→（第三年）羊肚菌→蔬菜。

1. 物资准备

羊肚菌栽培必须提前准备各种生产物资，包括菌种、营养补充袋、遮阳网、架材、地（薄）膜、喷灌系统、耕作机械等。按照1亩地栽培面积计算，物资准备如下。

菌种：购买或自制。菌袋规格15cm×30cm，需菌种300~400斤/亩。

营养补充袋：购买或自制。菌袋规格12cm×24cm×27cm，需营养袋2 000~2 200袋/亩。

遮阳网：4针或6针遮阳网，幅度6~12m，成本800~1 200元/亩，使用年限3~5年。

竹片（丝）：竹片宽度2~3cm，长度2m；竹丝直径0.5cm（等同于一次性竹筷）、长度2m，需750~1 000根/亩。

黑色地膜或白色薄膜：幅宽1.2~1.5m，需500~600m/亩。

喷灌系统：潜水泵1台，主水管10~20m/亩，软管200~400m/亩，开关10~20个/亩。

耕作机械：旋耕机、培土机各1台。购买或租用。

其他：运输车辆、锄头、铁锹、塑料盆等。

2. 选地与整地

选地：选择地势平坦、水源方便、土质疏松、利水、透气性好、不易板结的大棚。沙性壤土最佳。羊肚菌在同一块耕地连年种植，一般会减产或绝收。实践证明，在羊肚菌收获以后继续种植水稻，土壤经过连续几个月的淹水状态，水稻收获后又可以栽培羊肚菌。有条件的大棚和旱地可以采取这种水旱轮作的方法进行处理。

整地：除去杂草和前茬废弃物，播种前翻地1~2次，深翻15~20cm，做好畦面，畦面越宽，有效播种面积越大，但是畦面长边的边长越短，如80cm宽的畦面长边边长为1 110m/亩，而120cm宽的畦面长边边长为828m/亩，大大降低了羊肚菌出菇的边缘效应，当然畦面过窄，有效播种面积过小也不行，因此畦面宽以80～100cm为宜，过道宽40～50cm、大棚沟深25～30cm。土壤要耙细，土粒最大直径不超过5cm，畦面平整。播种前每亩均匀撒施石灰40～50kg，草木灰适量，调节土壤pH值为6～8.5，上大水浇透，保证发菌时的水分含量，备用。整地示意图见图4-4、图4-5。

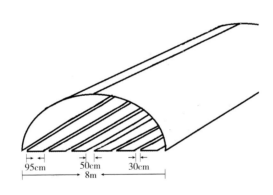

图4-4 塑料大棚整地示意图

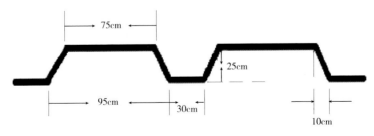

图4-5 塑料大棚畦面示意图

整地时间：整地时间安排在播种前10～15天，赣北、赣东北地区一般安排在10月下旬；赣中地区安排在11月初；赣南地区安排在11月上中旬。

3.搭建遮阳网

方法一：在棚顶直接覆盖遮阳网。

方法二：在棚边立柱，柱高和棚顶高一致，将遮阳网搭成平棚，搭建好的遮阳网仅与棚顶接触，多个单体棚则将遮阳网固定在每个棚的棚顶，使其连成一个整体。

2种方法相比，方法一简便省工，增温效果明显，但降温效果较差；方法二则增加了人工成本和材料成本，生长前期增温效果差，但生长后期棚内降温明显，同时，将边膜和端膜卷起有利于通风。2种方法各有优缺点，权衡利弊，方法二优于方法一，因为人工增温和人工降温相比，人工降温困难且成本高。

各种大棚采用的遮阳网密度最好为6针。如选用密度4针的遮阳网，则遮阳网应双层覆盖；或前期为单层，后期在掀去黑地膜时加盖一层为双层遮阳网覆盖。否则，遮阳网过稀常常导致减产或绝收（图4-6）。

图4-6　大棚覆盖遮阳网

4. 安装微喷设施

设施喷洒代替人工喷洒，减少喷洒的人工成本。

雾状喷洒代替雨状喷洒。雨状喷洒易造成土壤表面板结，土壤透气性差，对菌丝生长不利；同时，还会造成羊肚菌原基窒息死亡以及幼菇机械损伤。

5. 播种

菌种选择：近2年品种比较试验表明，编号为1号（图4-7），3号（图4-8）、5号（图4-9）的羊肚菌菌种表现较好，尤其是5号品种更适合本地栽培。

图4-7　1号品种

图4-8　3号品种

图4-9 5号品种

菌种准备：将菌种在已消毒盆内掰碎，但不要揉搓，尽量减少对菌丝的伤害。

播种时间：最高气温低于24～25℃时，土壤温度在20℃以下即可播种，这种气温出现的时间赣北、赣东北地区一般在11月初，赣中地区在11月中旬，赣南地区在11月底。但具体播种时间应根据当地天气预报灵活掌握，赣北、赣东北地区大棚种植可适当晚播10～15天，安排在11月中旬播种，但赣中、赣南地区，特别是赣南地区要尽可能早播。

播种量：羊肚菌播种量与子实体产量的数量关系呈一抛物线的规律，播种量既不能过多，也不能过少，一般以每亩400袋左右菌种为宜。大规模栽培的基地，应控制菌种用量，避免出现前期菌种用量过大，后期菌种用量吃紧的现象。

播种方式：可以采用沟播、条播（图4-10、图4-11）、垄播、窝播、点播的方式进行，尽量加长边缘的长度和数量。在条与条、沟与沟、窝与窝之间形成大量的边缘，菌丝分别向两侧生长，菌丝在边缘处交汇，就会在菌丝交汇的地方集中成行或成圈出菇。播种时将准备好的菌种均匀撒在畦沟（面）上，播种以后立即进行覆土。播种后最多不超过1小时就要覆土，否则，菌种容易被吹干，导致菌丝体生长缓慢或死亡。覆土可以用人工铲土或开沟机覆土，将走道内的土壤翻到畦面上，厚度5.0～7.0cm。要求覆盖均匀、平整、不露种。

如果播种期间阴雨连绵，土壤湿度过大，应该采用干客土覆盖，不要采用原田的湿土覆盖，其中，山坡上的干燥沙土效果较好。

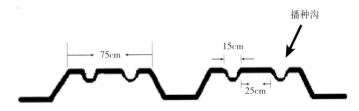

图4-10 塑料大棚播种示意图

图4-11 条播

6. 覆盖黑地膜

播种结束后喷重水1次，使土壤含水量达到60%左右，用手捏土粒，土粒变扁但不破碎，也不黏手为宜。播后立即在畦面上覆盖黑膜，时间不超过2小时。

覆盖黑膜主要作用：①遮光；②保湿；③抑制杂草生长；④保温；⑤促进出菇；⑥抑制菌霜（无性孢子）过度生长。

覆盖方式：①平铺畦面（图4-12）；②低拱棚覆盖（黑膜离畦面10～15cm）。低拱棚覆盖保温、透气性能好于平铺，且有利于后期羊肚菌原基提前发生和子实体正常生长。

一般不用在畦面覆盖稻草、草节、树枝、腐殖土，木屑等材料，覆盖这些材料不仅费工费时，还带来大量杂菌和虫害。畦面也不提倡播种少量小麦。

5天后菌丝会串满表土层，7天后土面会有白色菌丝体分布，10天后会变成浅灰白色。手拍土粒会有雾状物飞起，这是羊肚菌菌丝体在土粒表面形成的无性分生孢子，大量形成弹射后会呈雾状。

图4-12 平铺黑地膜

7. 摆放营养补充袋

营养补充袋用量为1 800～2 000袋/亩。羊肚菌播种后第7～15天，在畦面摆放灭菌后的培养料的料袋，营养袋侧面刺孔或划口，刺孔或划口处朝下，放置时要压平，尽量与地面接触，保证菌丝及早长入袋内。料袋的距离为30～50cm，行距为40～60cm。

土壤中的羊肚菌菌丝体会从培养料料袋的孔中串入袋内，吸收培养料中的营养物质，供地下的菌丝体快速生长，积累营养物质，为羊肚菌子实体的生长奠定物质基础。30天左右菌丝长满营养袋，同时，地面菌丝颜色由白色变为土黄色（图4-13）。

图4-13　营养补充袋摆放图

8. 菌丝生长阶段的管理

生长情况见图4-14、图4-15、图4-16、图4-17。

播种后到出菇前这段时期为菌丝生长阶段。时间在11月到翌年1月底2月初。江西省冬季较短，且立春后升温快，为了保证适时出菇，做好菌丝生长期间管理是生产中的重要环节。此阶段管理重点是保温、保湿、透气。目标是培养健壮菌丝（菌核），为下一阶段出菇做好准备。

水分管理：播种至翌年1月中旬前后，空气相对湿度控制在60%～70%，土壤湿度不低于50%，土壤过湿，则气生菌丝生长过旺，需通风排湿；土壤发白过干，则应喷水加湿；分生孢子（菌霜）过多，则可以适当喷水淋洗打压。

温度管理：菌丝生长阶段处在冬季最冷时期，因此，整个阶段以拱棚保温为主。

空气管理：畦面平铺黑地膜，应3～5天揭开1次，通风10～20分钟；低拱棚覆盖黑地膜，黑地膜四周不要严密压实，如通风状态良好，也可以不用通风。

杂菌管理：菌丝生长期间，畦面容易滋生各种杂菌，每3～5天揭开薄膜，观察有无异常生长的包色菌丝体、杂色菌丝体，如有则在滋生地方用石灰覆盖，通风1～2个小时，使土面变干，真菌就不再大量生长；如营养补充袋内出现少量青霉、绿色木霉，则可不管；如出现大量红色、白色的链孢霉，就应该喷洒链孢霉专用杀灭剂控制其生长。

灾害管理：大棚种植能有效抵御风、雨、雪等自然灾害，但也不能掉以轻心，应密切注意当地的天气预报，特别是在在大雪降临之前要加固大棚，雪后及时要清理积雪。

图4-14 播种7天的菌丝 　　　图4-15 播种15天的菌丝
　　　生长情况 　　　　　　　　　　生长情况

图4-16 播种20天的菌丝 　　　图4-17 营养补充袋摆放
　　　生长情况 　　　　　　　　30天的菌丝生长情况

9. 出菇前管理

　　菌丝生长后期，即出菇前20天左右，是羊肚菌栽培的一个重要时期，这一时期，畦面（图4-18）菌霜消退，土壤显红褐色，羊肚菌由营养生长向生殖生长过渡，因此，又称催菇阶段，时间一般在1月初至2月初。

　　此阶段需采取综合措施，确保催菇1次成功。催菇是羊肚菌由营养生长向生殖生长过渡的关键操作，催菇的目的是创造各种不利于羊肚菌继续营养生长的条件，使其在生理层面发生改变，进而转向生殖生长。主要包括营养、水分、湿度、温度、光线等刺激。催菇措施如下。

图4-18　出菇前畦面

（1）微喷管浇水1~3次，每次半小时左右，整体保持土壤水分在25%~35%

（2）揭去黑地膜，时间不宜过早，最佳锹膜时间为出菇前10~20天。

（3）晴朗天气向上雾喷1~3分钟，增加棚内空气湿度至85%~95%。

（4）撤去营养袋，撤袋时间为出菇前4~10天。

（5）加大保温力度，确保土温8~10℃，棚内气温6~18℃，在此范围内，温度越高越好。

10. 出菇期间管理

催菇后，在1月下旬至2月上中旬就可发现大量圆形乳白色原基，表明羊肚菌已经开始出菇。历经2~3天，圆形原基成长为乳白色锥形，基部变大，以支撑菌柄继续发育的需要。锥形原基（图4-19、图4-20）生长到一定程度，菌盖和菌柄开始分化，肉眼可见幼嫩的羊肚菌子囊果。刚形成的子囊果颜色为黑色，历经5~7天幼菇（图4-21、图4-22）由黑色变为黄色；黄色的子囊果经过7~10天变为黑色，变为黑色的子囊果5~10天可生长成熟，此时要注意其变化，及时采收。从播种到采收的生育周期为120~150天。

图4-19　羊肚菌原基　　图4-20　羊肚菌原基　　图4-21　幼菇

（1）出菇期间的水分管理。出菇期间注重土壤和空气湿度管理，遮阳网遮阴，每天早晚通风1次，每次通风时间为25~35分钟，土壤湿度控制在田间持水量的30%~35%，高于播种期，低于催菇期，空气湿度控制在85%~90%。

子实体原基形成以后，不能直接向畦面喷水，否则原基就会大量死亡。这时只能在空气中少量喷细雾或用雾化器增加空气湿度。如土壤湿度过低，可以在走道的沟内少量灌水，增加土壤含水量。

（2）出菇期间的温度管理。子实体生长的温度范围是8～18℃，其最适生长温度为10～15℃，气温稳定在8℃以上3～5天，子实体就开始发生，原基生长到3cm左右幼嫩的子囊果这一阶段最为关键，对温度的要求较严格，气温超过15℃就不再形成子实体原基，超过20℃就会死亡。因此，此阶段前期注意保温出菇，后期降温保菇。

（3）出菇期间的空气管理。羊肚菌是好气性真菌，足够的氧气对羊肚菌生长发育是必不可少的，适当通风可保证棚内空气质量，可减少杂菌的发生，但应避免风直吹畦面，导致土壤表层失水，原基和子实体死亡。

（4）出菇期间的光照管理。羊肚菌有较强的趋光性，其生长需要一定的散射光。

（5）出菇期间灾害管理。虫害管理：营养补充袋是培养各种害虫的温床，特别容易发生跳虫（图4-23）、线虫等，应及时清除；另外在出菇期间悬挂黏虫的黄板、安装诱虫灯诱杀各种害虫；发生蛞蝓（图4-24）、蜗牛为害，则可以用四聚乙醛防治。

图4-22　幼菇

图4-23 跳虫

图4-24 蛞蝓

杂菌管理：出菇前7天左右，畦面会出现一些盘菇（图4-25），预示羊肚菌子实体开始发生；畦面上还会出现伞菌（图4-26）及其他一些杂菌，数量少为害不大可不必理会，但大量发生时要人工清除；如子实体上形成大量白色真菌（镰刀菌、拟青霉）时要及时通风，降低土壤含水量和空气湿度，一般不要施用药物控制。

图4-25 盘菇

图4-26 鬼伞

风、雨、雪灾管理：防灾措施和菌丝生长期间采取的措施相同。要特别防止干热风对原基和子实体的危害。

（二）冬闲田（大田）中、小拱棚覆膜高效栽培技术

优点：充分利用冬闲田，病虫害少、投入也较少，通风效果好，特别是在羊肚菌种植后期（2—3月），能最大限度降低极端高温对羊肚菌的危害。

缺点：保温效果差，抗自然灾害能力弱，土壤易过湿。

10月水稻收割后，趁晴好天气翻耕土地，11月中旬前后羊肚菌播种，翌年3月底羊肚菌栽培结束，4月接着种植水稻，11月继续种植羊肚菌，如此循环进行，即水稻→羊肚菌→水稻→羊肚菌。

1. 物资准备

除塑料大棚种植所需的各种生产资料外，还需以下材料。

架材：竹竿、树干、钢管等。长度2.3 ~ 2.5m，插入地面0.5m左右，柱间距（3 ~ 4）m×（3 ~ 4）m，数量80 ~ 100根/亩

铁丝（尼龙绳）：400 ~ 500m/亩。

尖木桩：直径8 ~ 10cm，长度50 ~ 60cm，50个/亩左右。

2. 选地与整地

（1）选地。选择地势平坦、水源方便、土质疏松、利水、透气性好、不易板结的肥沃田块。沙性壤土最佳。泥性过强，易板结，地下水位过高的田块不宜选择。

（2）整地时间。11月江西省全境雨水明显增多，大田土壤经常处于淹水潮湿状态，土壤不易机械翻耕，因此，在晚稻收割后就应马上着手开始土地翻耕工作。整地时间一般安排在10月中下旬至11月初。

（3）整地方法。把晚稻收割后剩下的稻草清除干净后，用旋耕机翻地1~2次，深翻15~20cm，做好畦面（图4-27），畦面宽以80cm左右为宜，过道宽40~50cm、沟深30~40cm，畦长不超过30m。土壤要耙细，土粒最大直径不超过5cm，畦面呈龟背形。播种前每亩均匀撒施石灰40~50kg，草木灰适量，调节土壤pH值为6~8.5，上大水浇透，保证发菌时的水分含量，备用。

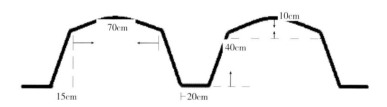

图4-27 大田中、小拱棚栽培畦面示意图

3. 搭建荫棚

在处理好的田块上搭建遮阴平棚（图4-28），棚高不低于1.8m。木（竹）柱长度2.3~2.5m，插入地面0.5m左右，柱间距（3~4）m×（3~4）m，数量80~100根/亩，四周遮阳网斜垂地用绳子或铁丝拉紧并固定在木桩上，木桩之间遮阳网用土或石块压住，棚内两排木（竹）之间沿同一方向，每隔3~4m也要用绳子或铁丝固定在木桩上。木柱、木

图4-28　大田搭建荫棚

桩插入地面时，如土壤比较潮湿，则随着土壤逐渐变干，木柱、木桩也逐渐松动，应及时加固。

遮阳网密度最好为6针，如选用密度4针的遮阳网，则遮阳网应双层覆盖；或在掀去黑地膜的同时加盖一层4针遮阳网。

4. 安装微喷设施

安装方法同上，但安装时要注意软管的方向和畦面的方向一致，以利薄膜覆盖（图4-29、图4-30）。

图4-29　大田微喷设施

图4-30　大田微喷设施

5. 播种

播种时间：在同等条件下，大田种植应比大棚种植早播10～15天，当最高气温低于24～25℃时，土壤温度在22℃以下即要播种，江西省地区一般在11月初至11月底。赣北、赣东北地区在11月初，赣中地区在11月中旬，赣南地区在11月底。12月以后播种，出菇风险明显增加（图4-31）。

菌种选择、播种量、播种方式同上。

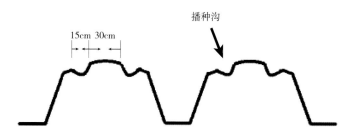

图4-31　大田播种示意图

6.覆盖黑地膜和白色薄膜

播种结束后喷重水1次，使土壤含水量达到60%左右，并立即在畦面上覆盖黑膜。时间不超过2小时。为强化保温避雨效果，大田（冬闲田）中、小拱棚种植田块，应在低拱棚覆盖黑膜的基础上再加盖一层白膜，形成双拱棚，白膜拱棚既可以是单畦形成的小拱棚，也可以是双畦、三畦形成的中小拱棚，小拱棚二膜顶部相距50～60cm，中小拱棚两膜顶部相差130～160cm。选用直径0.5cm（等同于一次性竹筷）、长度2m的竹丝作为拱架，拱架稍离沟边3～5cm插入沟底地面20～25cm，双膜用夹子各自固定拱架基部，固定的时候，黑膜边离沟底2～3cm，这样黑膜与沟底、沟边均留有一定的通风空隙，从而保证畦面充足的氧气供应。

7. 摆放营养补充袋

营养补充袋摆放的数量、方法同上，由于菌丝生长速度稍慢于大棚种植，与大棚种植羊肚菌相比，营养补充袋摆放时间应晚几天，具体时间视菌丝生长情况而定。

8. 大田管理

羊肚菌生长阶段，其温度、湿度、空气、杂菌、自然灾害等方面的管理基本同大棚种植，但小拱棚种植抵御自然灾害的能力较弱，如覆盖的黑地膜和白色薄膜易被大风掀起，造成畦面过干；棚架易被大风吹倒、吹歪；棚架易被大雪压垮；大雨易造成大田过湿甚至积水等。

因此，要经常进行田间巡视，对灾害造成的危害及时处理，如果畦面过干，则淋水加湿；畦面过湿，则通风排湿；在大雪降临之前加固大棚，雪后及时清理积雪。同时，采取以下措施加大防风力度。

（1）加大立柱的直径和密度，插入土壤的深度超过50cm。

（2）立柱上增加斜柱支撑。

（3）荫棚四周用铁丝或绳子斜拉固定。

（4）四周木桩之间的遮阳网拖到地面用沙袋压实。

（5）棚内遮阳网间距用铁丝或绳子斜拉固定。

与大棚种植相比，大田（冬闲田）土壤因受降水影响，湿度较高，催菇水的喷施次数和时间视土壤湿度而定，应少喷、轻喷、甚至不喷。

出菇前后黑膜和薄膜要覆盖严实，尽量满足羊肚菌出菇环境要求，避免温湿度出现较大幅度的波动而导致原基死亡。出菇后期可将薄膜掀至拱架半山腰用夹子夹住，达到避雨、降温双重效果。

（三）羊肚菌种植期气候特点及其相应栽培技术

羊肚菌生长对环境条件要求较高，受环境条件的影响也较大，其中，温度、湿度表现得尤为明显。温度过高过低、土壤过干过湿都会影响菌丝体、原基以及子实体的生长发育，温度、湿度管理不善极易造成羊肚菌减产，甚至绝收。

根据江西省历年天气统计，羊肚菌生长季节一般安排在11月至翌年3月。以赣东北地区的鹰潭、赣北的南昌、赣中的吉安、赣南的赣州为代表，对这4个城市以往3年11月至翌年3月的天气状况进行统计可知（附件三），羊肚菌生长季节的生长环境以赣北、赣东北地区为最佳，赣中次之，越往南，冬季时间越短，羊肚菌种植风险逐渐增加，赣南大部分地区已不具备羊肚菌所需的生长期要求。由于江西地区冬季较短，且立春后升温较快，因此，羊肚菌种植的原则是确保第一潮菇，争取第二潮菇。

1. 11月气候特点及其相应栽培技术

11月是羊肚菌的播种及营养补充袋摆放时期。人工栽培羊肚菌，菌丝体生长温度范围为5～25℃，但最好是在低温下生长，土壤温度控制在20℃以下，空间温度在25℃以下，最适宜温度在16～18℃，它可以忍受一定低温，但在30℃以上的高温很快死亡。因此，羊肚菌栽培季节应安排在秋冬季，自然温度下降到20~22℃，土壤温度下降到18℃时播种为宜。

符合羊肚菌菌丝生长温度的最早出现时间，赣北、赣东北、赣中地区一般在11月上旬，而赣南地区多出现在11月中下旬。11月期间，赣北、赣东北、赣中地区的日平均最高温度相差不大，但赣中地区日平均最低温度高0.5℃左右，与赣北、赣东北地区相比，赣南地区日平均最高温度高2℃左右，日平均最低温度高1℃左右。因此，羊肚菌营养补充袋的摆放，赣北和赣东北地区一般安排在播种后10~15天，赣中赣南地区安排在播种后7~10天。播种后，如遇24~25℃的高温天气，则应通风降温。11月阴雨天气略多于晴（多云）天气，在播后畦面浇水且覆盖黑地膜前提下，土壤湿度一般能满足羊肚菌生长所需。但发现畦面土壤发白，则应喷水增湿。

2. 12月气候特点及其相应栽培技术

12月是菌丝的主要生长期，栽培目标是培养健壮菌丝（菌核），为下一阶段出菇做好准备。12月赣北、赣东北、赣中地区的日平均最高、最低温度相差不大，赣南地区日平均最高温度高2℃左右，日平均最低温度高1℃左右。在羊肚菌整个生长期中，12月温度是最适宜羊肚菌菌丝体生长的月份。如遇24~25℃的高温天气，则应通风降温。

12月晴（多云）天气多于阴雨天气，土壤易干，湿度不够，因此，要根据畦面的水分状况及时补水增湿。同时，选择最高温度在15℃以上的晴好天气通风透气，晚上要注意覆膜保温。

3. 1月气候特点及其相应栽培技术

1月正处在羊肚菌菌丝体生长后期，羊肚菌逐渐由营养生长向生殖生长转变，是一个非常重要而又关键的时期。上中旬工作重点是采取综合措施催菇，中下旬工作重点是保温保湿透气，避免温湿度大的波动，尽可能达到羊肚菌原基发生所需的外部条件。

1月气温正处在全年最低点，当平均温度保持5~8℃以上3~5天，原基就开始发生，原基发生的湿度是85%~90%，为增加保温保湿效果，避免温湿度的大起大落，黑地膜时最好是低拱棚覆盖，与上面覆盖的薄膜形成双膜覆盖，黑地膜以及上面的薄膜不要掀得过早，同时，黑地膜和薄膜的两边要开有小口子，形成空气对流，避免缺氧发生。一月从南到北日平均最高温由赣北、赣东北的9.8℃、10.7℃分别升到赣中的11.5℃、赣南的13.3℃，日平均最低温由赣北、赣东北的4.2℃、4.4℃分别升到赣中的5.4℃、赣南的6.2℃，随着从北到南，日平均最高、最低气温逐渐升高，特别是日平均最低温度的升高，原基发生的概率也逐渐增加。

4. 2月气候特点及其相应栽培技术

2月是原基发生和子实体生长的主要时期。此时期气温逐渐回升，逐渐达到原基发生和子实体生长所需温度，2月上旬，赣北、赣东北日最低温度均在-1℃，但回升速度较快，2月中下旬，从北到南，超过22℃高温的天数和度数逐渐增加，发生高温危害的概率和程度也逐渐增加，南昌2月最高气温在20~22℃达2.7天，23~25℃达1天；鹰潭2月最高气温在20~22℃达4天，23~25℃达1.7天，25℃以上达0.3天；吉安2月最高气温在20~22℃达2.7天，23~25℃达2.7天，25℃以上达1天；赣州2月最高气温在20~22℃达3天，23~25℃达3.3天，25℃以上达2天。特别注意的是赣中、赣南地区，25℃以上天数均有1~2天，极易造成高温危害，因此，2月上中旬以保温保湿为主，中下旬以降温保湿为主。如遇长时间阴雨，还需避雨防涝。

5.3月气候特点及其相应栽培技术

3月是头潮菇采收及第二潮菇的生长时期。3月气温继续回升，降水逐渐增加，从北到南，超过25℃高温的天数和度数逐渐增加，发生高温高湿危害的概率和程度也逐渐增加，南昌2月最高气温在23~25℃达4.3天，25℃以上达1.3天；鹰潭2月最高气温在23~25℃达4.3天，25℃以上达3天；吉安2月最高气温在23~25℃达4.7天，25℃以上达3.7天；赣州2月最高气温在23~25℃达6天，25℃以上达4.7天，以赣州为代表的赣南地区3月已不具备羊肚菌生长的温度要求。因此，3月的工作重心是通风降温及土壤保湿。

3月，阴雨天气明显多于晴好天气，且从北到南，阴雨天气逐渐增加，因此，还要做好避雨防涝、通风降湿工作。

（四）羊肚菌栽培过程中遇到的常见问题及解决办法

羊肚菌种植要求精细管理，各项措施精准落实，由于本地区冬季时间较短，因此，各项措施是否落实到位，显得尤为重要，但由于各种主、客观原因，在种植的各个环节中往往发生各种问题，导致羊肚菌种植大幅度减产，甚至绝收。

（1）各种生产物资没有提前准备，而是等到需要时才临时购买；或者提前采购时时间提前不够，导致生产物资不能及时到位。2017年，许多羊肚菌示范点就是因为上述原因，羊肚菌菌种已播，但遮阳网、黑地膜却迟迟不能覆盖，致使羊肚菌菌丝生长受到严重影响。

（2）晚稻收获后，大田没有趁晴好天气及时翻耕，而后期又阴雨连绵，土壤过湿不能机械翻耕，导致菌种迟迟不能下田，错过最佳播种时间，因此羊肚菌种植最好选择一季晚稻田；如果安排在二季晚稻田，则因在收割后抢晴立即进行大田翻耕，否则，11月极易碰到阴雨连绵天气。

（3）大田畦面间沟不够深，走道不够宽。沟不够深导致地下水位上升，土壤过湿，菌丝生长受阻，严重的导致羊肚菌绝收；走道不够宽则易踩到菌菇，影响田间操作。

（4）播种后没有立即覆盖黑地膜，如时间超过24小时，则土壤中的杂草种子萌发，后来既是覆盖黑地膜，杂草照样生长，极易发生草害。

（5）气生菌丝生长过旺（图4-32），分生孢子过多。土壤过湿，导致气生菌丝生长过旺，需通风排湿；分生孢子

（菌霜）过多，它会消耗过多的营养物质，导致最终产量下降，据笔者观察发生原因：一是温度过低；二是土壤过干。在加强保温的同时，可适当喷水淋洗打压。

图4-32　气生菌丝生长过旺图

（6）羊肚菌原基大量死亡（图4-33），迟迟不出菇。原因是原基发生阶段，原基未长到10mm高之前最为脆弱，这时气温忽高忽低，过高过低，或土壤过干过湿，都会导致原基大量死亡。此阶段重点、难点在于保温保湿，避免土壤，空气温湿度的大起大落；原基形成以后，不要直接向畦面喷水，避免原基被水滴包围窒息死亡。

图4-33　原基大量死亡图

（7）幼菇低温危害。幼菇期间，遇极端低温，如2018年2月初-7～-5℃的极端低温就造成幼菇大量死亡。应覆盖薄膜加强保温。

（8）高温、干热风及大雨危害。

2—3月，正值羊肚菌出菇期间，此时极易发生25℃以上的高温和长时间大雨，而高温又常伴随干热风，不仅严重影响羊肚菌子实体的生长，还严重影响土层中的子实体原基分化，造成子实体分化较少或不分化，已出土的菇体造成早衰或腐烂。

降低高温危害（图4-34）措施：①适当提早播种，出菇期避开高温。②选用较耐高温菌种。③加强通风。④合理搭建遮阳网，遮阳网不直接铺在塑料大棚棚膜上。⑤建立棚外降温设施，间隔一定距离安装高喷头，在中午棚内出现高温时间歇性喷雾，降温效果明显。

预防大雨危害（图4-35）：①开深沟。②及时清沟排水。③覆盖薄膜。

图4-34　后期高温危害图

图4-35　大雨危害图

（9）不出菇。原因①菌种种性问题。②播种过晚。③温湿度管理不当，特别是在原基发生初期造成原基死亡，种植者往往不自知。④营养补充袋没有摆放或摆放过迟。⑤施入过多有机肥、草木灰等。

五、羊肚菌病虫草鼠害防治技术

（一）杂菌危害防治技术

播种以后，畦面上会出现点状或局部杂菌感染，如根霉、毛霉、青霉、木霉（图5-1），镰刀霉等，可在加强通风的同时，在感染部位撒施石灰粉，使杂菌菌丝体不再扩展和继续侵染；如营养补充袋灭菌不彻底，袋内出现少量青霉、绿色木霉，则可不管；如出现大量红色、白色的链孢霉，就应该喷洒链孢霉专用杀灭剂控制其生长；畦面出现杂菇（图5-2）如盘菇、鬼伞等，数量少危害不大，但大量发生时要人工清除。

图5-1 绿色木霉

图5-2　杂菇

（二）病虫害防治技术

病害：有镰刀菌病害、细菌性腐烂病害等，防治方法是加强通风，降低湿度。一般不用药物防治。

虫害：有蛞蝓、蜗牛、白蚁、菌蚊、菌蝇、跳虫、螨虫等。蛞蝓、蜗牛可用四聚乙醛和沙土混合均匀，撒在畦面表面防治；菌蚊、菌蝇可在大田立柱、大棚棚顶悬挂黏虫的黄板、安装诱虫灯诱杀各种害虫；跳虫是为害羊肚菌子实体的大敌，一般从子实体菌柄基部的空洞内进入菌柄内部，啃食菌肉，导致子实体倒伏。

防治措施：尽量清除植物残茬，及时清除营养补充袋，畦面不要覆盖稻草，杂草、木屑等；白蚁可以使用白蚁灵等药物防治；螨虫可用杀螨剂防治。

（三）草害防治技术

土壤过湿或黑地膜覆盖过晚，均会导致杂草、苔藓大量发生，和羊肚菌争照光，增加土壤湿度，造成羊肚菌菌丝生长不良，菌体腐烂，畸形菇增多严重影响羊肚菌产量和品质。

（四）鼠害防治技术

菌种中的麦粒是吸引老鼠的主要因素。老鼠挖食土壤和营养补充袋中的麦粒，在畦面上打洞，为害菌丝体和子实体生长。

防治方法：灭鼠药灭鼠或机械捕鼠。

六、羊肚菌采收、保鲜与初加工技术

（一）羊肚菌采收技术

子实体原基颜色为黄棕褐色，幼嫩子实体为黑色，灰黑色、灰黑色、成熟后黑色逐渐变淡，成熟后成为肉褐色、灰褐色、棕褐色，少数为较深的黑色。

条件适宜时，原基生长15～25天即可达到成熟，通常采收的子囊果要以八分成熟为宜，此时，整个菇体分化完整，颜色由深灰变浅灰或褐黄，菌盖饱满，盖面沟纹明显，边缘较厚，外形美观，口感最好。此时，一般菇长7～10cm。

小羊肚菌质地较脆，应用刀小心采摘，采摘时既要保证子实体的完整度，又要避免伤害周边菌丝和小子实体。羊肚菌子实体由浅黄色变为黑褐色，菌柄为白色时采摘，否则，会影响羊肚菌的品质，采收期持续1个月左右。

采摘时，不要用手直接从地上将子实体拨起，以免损伤幼小原基和未成熟的子实体（图6-1）。

采收后的羊肚菌要先将菇体上附带的杂质去除干净，再按照不同等级分别存放，采菇用的篮子和框底内部应铺放卫生纸或茅草等柔软物。将羊肚菌按顺序排叠，轻取轻放，以免擦伤或碰碎菇体表面，每篮放菇数量不宜太

图6-1　采摘

多，以防压伤菇体，影响到产品外观和降低等级。采摘后立即进行整理，用刀片削去泥脚，按大小、色泽进行分级晾晒。

1. 分级剪柄

剪柄长短应根据羊肚菌形、羊肚菌肉、羊肚菌质、羊肚菌面来确定，并可分为去糠、剪半脚、剪平脚3个等级，这对成品羊肚菌干的品质和干羊肚菌的所得率影响很大，也影响着羊肚菌的销售价格（图6-2）。

（1）羊肚菌面小、肉薄、脚长的，以去糠为宜（保持全脚）。

（2）羊肚菌面

图6-2　羊肚菌分级

大而圆、肉薄、肉质松软的，可取其半脚（即剪去羊肚菌脚的一半），取值范围为1～1.5cm。

（3）羊肚菌面大而圆，肉厚而坚硬的，以取平脚为宜，即剪去脚，剩下0.5cm左右。羊肚菌以个大，色深，尖顶为优，菌伞能达到5cm以上的尖顶羊肚菌为极品羊肚菌，市面价格也更为昂贵且难见，营养价值高。

2. 羊肚菌产品分级标准

特级：菇形完整，尖顶，灰褐色、黑褐色，含水量低于12.5%，无杂质、破烂、虫蛀、霉变、异味，香味浓郁，朵形完整，棱纹完整，大小均匀，菌肉厚度超过1mm，柄长低于0.5cm，菌盖长度超过4.5cm，直径1cm以上。

一级：菇形完整，尖顶，灰褐色、黑褐色，含水量低于13%，无杂质、破烂、虫蛀、霉变、异味，香味浓郁，朵形完整，棱纹完整，大小均匀，菌肉厚度超过1mm，柄长低于1cm，菌盖长度超过2.5cm，直径1cm以上（图6-3）。

图6-3　一级羊肚菌干品

二级：菇形完整，灰色、灰褐色，含水量低于13.5%，无杂质、破烂、虫蛀、霉变、异味，香味浓，朵形完整，大小不均匀，菌肉厚度超过0.5mm，剪脚，柄长1~3cm，菌盖长度超过1~2cm（图6-4）。

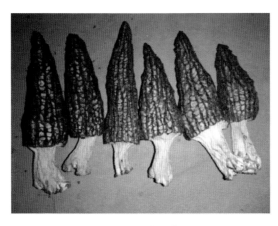

图6-4 二级羊肚菌干品

三级：菇形完整，灰色、灰褐色，含水量低于14.5%，无杂质、破烂、虫蛀、霉变、异味，香味浓，朵形完整，肉厚，削脚，柄长2~4cm，菌盖长度1cm以上。

等外级：菇形不完整，菌盖残破，菌柄切口整齐，大小不一。

（二）羊肚菌保鲜技术

羊肚菌保鲜：用小刀削净菌基部杂质，排放网纱筛上排湿，然后采用泡沫盒排叠。每盒装100g、150g、200g不等，用透明保鲜膜覆盖包装，在5℃保鲜橱内保鲜（如要制成羊肚菌干，则不需此步骤）。

（三）羊肚菌烘干技术

子实体一般采用烘干的方法进行加工，加热的方式可以是电、煤、柴、蒸汽等。烘干前先在太阳下暴晒2～3小时，然后在40～50℃温度下烘干6～8小时即可。

烘干时，既不要多层摆放造成子实体软烂，也不要密集摆放导致子实体相互粘连。烘干后的子实体立即放入大塑料袋内密封保存。

人工栽培的羊肚菌子实体鲜干比一般为（8～13）：1，平均是10：1。前期菇水分含量较低，为（8～9）：1；尾菇水分含量较高，为（10～13）：1。

羊肚菌水分含量非常高，在烘干过中要特别注重温度与湿度的控制。而且，不同批次采收的羊肚菌其水分含量不一样。一般来说，第一茬菇的含水量相对低，陆续第二茬菇、第三茬菇的含水量一批批加大，都可以在第一茬菇烘干经验的基础上适当加长时间。这里以第一茬菇的烘干为例，介绍羊肚菌的烘干经验。

1. 烘干初期

无需冷藏保鲜的羊肚菌按不同长度进行剪柄后，排放于烘筛上，将烘筛推入烘干机烘箱内，紧闭箱门开始启动机器起烘。起烘温度不能低于35℃，最好是35℃起烘，湿度控制在70%以内，时间3小时左右，用低温来给羊肚菌定性定色，以保证其形状饱满，不塌陷（图6-5）。

图6-5　烘干示意图

2. 升温排湿

温度上升在40～45℃的范围内，湿度降到55%，烘2小时左右，这时羊肚菌有收缩，水分明显减少。

3. 强化烘干排湿

温度上升到50℃左右，温度设定在35%，继续烘2小时左右，继续强化羊肚菌的烘干排湿。这时，羊肚菌表面基本干透，但菇体尤其在菌柄与菌帽结合处仍是软的，还没有干透。

4. 最后高温干燥

温度上升至53～55℃，温度降到15%，进行高温干燥，实现羊肚菌的彻底干燥。需要强调的是，在羊肚菌的干燥过程中，不宜升温过快，每阶段约5℃较为适宜，烘出的羊肚菌含水量约12%，外形饱满，菌柄米白，菌帽棕色或黑色，气味芬芳。另外，95%以上的菌类菇类，如牛肝菌、竹荪、松茸、灵芝、猴头菇、黑白木耳、姬菇、杏鲍菇、茶树菇、红菇、花菇、金针菇、鸡腿菇、滑子菇、香菇等都可使用热泵型羊肚菌烘干机干燥，以达到节能、环保、高效、智能化操作干燥高品质干菇的目的。

5. 回软

羊肚菌烘干完成后，不要急于马上装袋，可在空气中静置10～20分钟，使其表面稍微回软，否则，干硬的羊肚菌在装袋过程中发生脆断而被损坏。

6. 贮藏

羊肚菌烘干后，如果不妥善贮藏，很容易反潮。特别是在雨季气温高、湿度大时更易引起霉变及虫蛀。所以，羊肚菌干燥后，要迅速分等级装入塑料袋中，或按客户要求装入礼品包装袋后进行装箱。为了防止潮气侵入，可在塑料袋中放入一小包无机氯化钠，以免羊肚菌体内的糖分渗出而变色，同时，防止麦蛾等产卵和孵化（图6-6）。

图6-6　羊肚菌装袋贮藏图

7. 注意事项

（1）采收时尽量晴天采收，雨天采收，羊肚菌含水量更大，对后续烘干的时间要求更长，烘干成本更高。

（2）羊肚菌不适宜高温干燥，在高温条件下，其外表会结膜变黑，影响内部水分向外部渗透蒸发，因而不能得到干燥均匀的产品。在烘制时亦不宜升温太快，骤然升温会引起羊肚菌体急剧收缩，造成羊肚菌盖向外倒卷并变黑，严重影响羊肚菌干品质。在烘制过程中，检查羊肚菌也是不可忽视的环节。因为羊肚菌肉厚薄不一，其含水量差别很大，所以，烘制过程中，就必须抽取不同位置和等级的菌品进行检查。

（3）羊肚菌烘干完成后的回软细节也十分重要，保证后续羊肚菌完整无损的包装入箱。

附件一　江西省土壤概况

　　以红壤分布最多，总面积13 966万亩，约占江西省总面积的56%。

　　黄壤面积约2 500万亩，约占江西省总面积的10%，常与黄红壤和棕红壤交错分布，主要分布于中山山地中上部海拔700～1 200m。土体厚度不一，自然肥力一般较高，很于发展用材林和经济林。此外，还有山地黄棕壤，而山地棕壤和山地草甸土面积则很小。非地带性土壤主要有紫色土，是重要旱作土壤，此外，有冲积湖积性草甸土。石灰石土面积不大。

　　水稻土由各类自然土壤水耕熟化而成。为全省主要的耕作土壤。广泛分布于省内山地丘陵谷地及河湖平原阶地，面积3 000万亩左右，占全省耕地总面积的80%以上。大多数水稻土pH值在6.0以上，通过调节pH值，均可适宜羊肚菌生长，是羊肚菌种植的主要土壤。

附件二　江西省气候概况

　　江西省气候属中亚热带温暖湿润季风气候春寒夏热，秋燥冬冷，四季分明，但春秋季短，夏冬季长。全省气候温暖，雨量充沛，光照充足，无霜期长，年均温16.3～19.5℃，一般自北向南递增。赣东北、赣西北山区与鄱阳湖平原，年均温为16.3～17.5℃，赣南盆地则为19.0～19.5℃。全省冬暖夏热，无霜期长达240～307天。日均温稳定超过10℃的持续期为240～270天，活动积温5 000～6 000℃。唯北部地形开敞，特大寒潮南侵时有不利影响。

　　春季平均气温为17.3℃，多受南支槽影响，天气复杂多变。近50年来季平均气温呈上升趋势，特别是20世纪90年代初以来，春季增温明显。季内主要灾害性天气是：连续低温阴雨、强降水、雷雨大风、冰雹等。

　　夏季较长，7月均温，除省境周围山区在26.9～28.0℃外，南北差异很小，都在28.0～29.8℃。近50年来夏季平均气温呈下降趋势，日极端最高气温≥35℃的高温日数全省平均为22天，极端最高温几乎都在40℃以上，成为长江中游最热地区之一。

秋季平均气温为19℃，因多晴好天气，风不大，湿度较小，气温适中，成为一年中最宜人的季节。季内主要气象灾害是秋旱和寒露风。

冬季较短，平均气温为7.2℃，其中，1月天气最寒冷，月平均气温仅6℃；1月均温赣北鄱阳湖平原为3.6~5.0℃，赣南盆地为6.2~8.5℃。日极端最低气温为-18.9℃（出现在彭泽，1969年2月6日）。近50年来冬季平均气温呈上升趋势，特别是20世纪80年代后期开始，冬季增温显著，冬季气温上升是全年最明显的。冬季降水量也呈明显上升的趋势。季内主要灾害性天气是冰霜冻、大雪、雨凇、冷空气大风、大雾及霾。

江西省为中国多雨省区之一。年降水量1 341~1 943mm。地区分布上是南多北少，东多西少；山区多，盆地少。庐山、武夷山、怀玉山和九岭山一带是全省4个多雨区，年均降水量1 700~1 943mm。德安是少雨区，年均降水量1 341mm。年降水季节分配是4—6月约占42%~53%。降水的年际变化也很大，多雨与少雨年份相差几近1倍。降水季节分配不均及年际变化大是导致江西省旱涝灾害频繁发生的原因。

附件三 江西省最近3年各月份天气情况

江西省四地市最近3年11月天气

地区	年份（年）	日最高气温		日最高气温稳定定在25℃以下		日平均最高温（℃）	日最低气温		日平均最低温（℃）	晴（多云）天数（天）	阴雨天数（天）
		温度（℃）	日期	首日温度（℃）	首日日期		温度（℃）	日期			
南昌	2015	28	6	24	7	16.9	4	25—26	11.8	16	14
	2016	25	19	24	5	1.70	3	23—24	11.2	14	16
	2017	26	9	18	10	17.9	7	20	11.3	11	19
	平均	26.3	6—19	22	5—10	17.3	4.7	20—26	11.4	13.7	16.3
鹰潭	2015	29	6	18	8	17.8	2	26	12.5	12	18
	2016	26	6	22	7	17.4	3	26	10.9	14	16
	2017	26	3、9	21	10	18.4	7	22	11.3	10	20
	平均	27	3—9	20.3	7—10	17.9	4	22—26	11.6	12	18

注：表中平均日期是指相应气温最近3年期间出现的时间范围

（续表）

地区	年份（年）	日最高气温		日最高气温稳定在25℃以下		日平均最高温（℃）	日最低气温		日平均最低温（℃）	晴(多云)天数天数（天）	阴雨天数（天）
		温度（℃）	日期	首日温度（℃）	首日日期		温度（℃）	日期			
吉安	2015	28	6	16	8	17.4	5	26	12.7	8	22
	2016	27	18—19	22	7	18.0	4	24	11.7	15	15
	2017	25	2—3	21	4	17.7	7	20	11.7	11	19
	平均	26.7	2—19	19.7	4—8	17.7	5.3	20—26	12.0	11.3	18.7
赣州	2015	30	7	22	18	20.1	5	26	13.8	18	12
	2016	29	7 14	24	20	20.0	4	24	12.2	15	15
	2017	26	3	18	17	19.3	8	19—26	12.2	9	21
	平均	28.3	3—14	21.3	17—20	19.8	5.7	19—26	12.7	14	16

江西省四地市最近3年12月天气

地区	年份（年）	日最高气温		日平均最高温（℃）	日最低气温		日平均最低温（℃）	晴（多云）天数（天）	阴雨天数（天）
		温度（℃）	日期		温度（℃）	日期			
南昌	2015	17	1	11.4	1	16—17	6.5	18	13
	2016	18	4、18	13.8	2	27—28	6.5	9	22
	2017	17	24	14.4	0	17	4.9	9	22
	平均	17.3	1—24	13.2	1	16—28	6.0	12	19
鹰潭	2015	18	1	11.6	-1	16—17	5.8	18	13
	2016	19	4—5、10	15.1	0	27—28	6.2	7	24
	2017	17	22	13.2	-1	17—20	3.8	9	22
	平均	18	1—22	13.3	-0.7	16—28	5.3	11	20

（续表）

地区	年份（年）	日最高气温 温度（℃）	日最高气温 日期	日平均最高温（℃）	日最低气温 温度（℃）	日最低气温 日期	日平均最低温（℃）	晴（多云）天数（天）	阴雨天数（天）
吉安	2015	17	1	11.6	0	17	6.7	20	11
	2016	20	9	14.9	2	17 27—30	6.8	7	24
	2017	18	24	13.6	-2	17	4.7	7	24
	平均	18.3	1—24	13.4	0	17—30	6.1	11	20
赣州	2015	18	1	13.1	1	17—18	7.3	23	8
	2016	22	9—10	17.1	1	17	7.6	12	19
	2017	19	7 24 29	15.2	1	19 21	5.7	9	22
	平均	19.7	1—29	15.1	1	17—21	6.9	15	16

注：日最高（最低）气温的平均日期是指上述气温最近3年期间出现的时间范围

江西省四地市最近3年1月天气

地区	年份（年）	日最高气温		日平均最高温（℃）	日最低气温		日平均最低温（℃）	晴（多云）天数（天）	阴雨天数（天）
		温度（℃）	日期		温度（℃）	日期			
南昌	2016	19	4	8.8	-5	23—24	4.0	19	12
	2017	20	29	12.4	0	20	5.8	11	20
	2018	16	16 18	8.1	-3	29	2.7	17	14
	平均	18.3	4—29	9.8	-2.7	20—29	4.2	16	15
鹰潭	2016	19	4	9.1	-5	24	4.3	22	9
	2017	23	6	13.4	0	19—20	5.9	12	19
	2018	19	17	9.7	-3	8 29 31	3.1	17	14
	平均	20.3	4—17	10.7	-2.7	8—31	4.4	17	14

（续表）

地区	年份（年）	日最高气温		日平均最高温（℃）	日最低气温		日平均最低温（℃）	晴（多云）天数（天）	阴雨天数（天）
		温度（℃）	日期		温度（℃）	日期			
吉安	2016	23	4	9.8	−5	24	5.3	23	8
	2017	23	4	13.9	1	20	7.0	14	17
	2018	19	17—18	10.8	−2	31	3.9	16	15
	平均	21.7	4—18	11.5	−2	24—31	5.4	18	13
赣州	2016	26	4	11.7	−4	25	6.0	23	8
	2017	25	4—5	15.5	2	22—23	7.3	15	16
	2018	22	17	12.8	0	9—11 29—31	5.4	19	12
	平均	24.3	4—17	13.3	−0.7	9—31	6.2	19	12

注：日最高（最低）气温的平均日期是指上述气温最近3年期间出现的时间范围

江西省四地市最近3年2月天气

地区	年份（年）	最高气温 20~22℃		最高气温 23~25℃		最高气温 25℃以上		日平均最高温（℃）	日最低气温（℃）		日平均最低温（℃）	阴雨天数	晴天天数
		日期	天数	日期	天数	日期	天数		温度	日期			
南昌	2016	928	2	10—12	3	/	/	13.8	-1	1—2	5.2	8	21
	2017	14—17 19—20	5	/	/	/	/	13.4	1	9—10	6.0	12	16
	2018	28	1	/	/	/	/	13.9	-3	3	4.1	10	18
	平均	9—28	2.7	/	1	/	/	13.7	-1	1—10	5.1	10	18
鹰潭	2.016	9 28	2	10—11	2	/	1	14.0	0	1—2 6—7	4.3	11	18
	2017	14—16 18 21	4	17 19—20	3	/	/	14.7	0	9—11	5.5	5	23
	2018	14—15 17—1 8 27—28	6	/	/	/	/	12.9	-3	3 5	3.5	10	18
	平均	9—28	4	10—20	1.7	/	12	13.9	-1	1—11	4.4	9	19

（续表）

地区	年份(年)	最高气温20~22℃ 日期	天数	最高气温23~25℃ 日期	天数	最高气温25℃以上 日期	天数	日平均最高温(℃)	日最低气温(℃) 温度	日期	日平均最低温(℃)	阴雨天数	晴天天数
吉安	2016	9 13 28	3	10	1	11	1	14.7	0	1—2 6 9	6.0	11	18
	2017	14—15 21	2	16—17 21	3	19—20	2	15.2	2	11—13	7.0	11	17
	2018	16—17 28	3	14—15 18 27	4	/	/	15.0	-2	3	5.4	11	17
	平均	9—28	2.7	10—27	2.7	11—20	1	15.0	0	1—13	6.1	11	17
赣州	2.016	9—10 28—29	4	11	4	12—13	2	14.8	0	6—7	5.6	12	17
	2017	6 14 18	3	14—16	2	17 19—21	4	16.9	2	10—12	7.8	10	18
	2018	16 26	2	14—15 17—19 27—28	7	/	/*	15.6	-2	6	6.0	8	20
	平均	9—29	3	11—28	3.3	12—21	2	15.8	0	6—12	6.5	10	18

注：表中平均日期是指相应气温最近3年期间出现的时间范围

江西省四地市最近3年3月天气

地区	年份(年)	最高气温20~22℃		最高气温23~25℃		最高气温26~30℃		最高气温30℃以上		日平均最高温度(℃)	日最低气温		日平均最低温(℃)	阴雨天数(天)	晴天天数(天)
		日期	天数(天)	日期	天数(天)	日期	天数(天)	日期	天数(天)		温度(℃)	日期			
南昌	2106	5、8、28、31	4	2—4、6—7、9	6	/	/	/	/	17.2	3	10	9.9	17	14
	2017	1、9、27	3	/	/	/	/	/	/	14.8	7	2、13—14	8.8	19	12
	2018	1、11、17、22、26	5	3、12—15、23、27	7	4、28、30、31	4	/	/	19.5	4	8	11	15	16
	平均	1—31	4	2—27	4.3	4—31	1.3	/	/	17.2	4.7	2—14	9.9	17	14
鹰潭	2016	8、28、31	3	2—4、6、19	5	5、7	2	/	/	17.8	1	10	8.8	17	14

（续表）

地区	年份（年）	最高气温20~22℃		最高气温23~25℃		最高气温26~30℃		最高气温30℃以上		日平均最高温（℃）	日最低气温		日平均最低温（℃）	阴雨天数（天）	晴天天数（天）
		日期	天数（天）	日期	天数（天）	日期	天数（天）	日期	天数（天）		温度（℃）	日期			
鹰潭	2017	1 16—27 29—30	6	/	/	/	/	/	/	15.2	3	2	8.8	20	11
	2018	3 11 17	3	1 12~15 23, 27, 29	8	4 28, 30, 31	4	/	/	19.7	2	12	10.3	16	15
	平均	1—30	4	1—29	4.3	4—31	3	/	/	17.6	2	2—12	9.3	18	13

江西省四地市最近3年3月天气

地区	年份(年)	最高气温 20~22℃		最高气温 23~25℃		最高气温 26~30℃		最高气温 30℃以上		日平均最高温(℃)	日最低气温 温度(℃)	日最低气温 日期	日平均最低温(℃)	阴雨天数(天)	晴天天数(天)
		日期	天数(天)	日期	天数(天)	日期	天数(天)	日期	天数(天)						
吉安	2016	1 8 28	3	2 4—6 19 31	6	3 7	2	/	/	18.2	3	9—10	10.5	18	13
	2017	19—30	4	27	1	/	/	/	/	15.6	6	1—2	10.0	26	5
	2018	2 11 17 22 24 26	6	1 12—15 18 29	7	3—4 23 27—28 30—31	9	/	/	21.2	3	8	11.7	13	18
	平均	1—30	4.3	1—29	4.7	3—31	3.7	/	/	18.3	4	1—10	10.4	19	12

（续表）

地区	年份（年）	最高气温 20~22℃		最高气温 23~25℃		最高气温 26~30℃		最高气温 30℃以上		日平均最高温（℃）	日最低气温		日平均最低温（℃）	阴雨天数（天）	晴天天数（天）
		日期	天数（天）	日期	天数（天）	日期	天数（天）	日期	天数（天）		温度（℃）	日期			
赣州	2016	1 17—18 27 29	5	2 4—6 8 21 28 31	8	3 7 19	3	/	/	19.2	3	10	10.9	21	10
	2017	3—4 24	3	27—30	4	/	/	/	/	17.2	7	1—2 15	10.4	27	4
	2018	10 17 22 26 29	5	11 13 16 23 24 27	6	14—15 18 28 30 31	11	/	/	22.6	5	9	13.0	14	17
	平均	1—29	4.3	2—31	6	1—31	4.7	/	/	19.7	5	1—10	11.4	21	10

注：表中平均日期是指相应气温最近3年期间出现的时间范围

主要参考文献

陈惠群，刘洪玉，杨晋，等.1997.羊肚菌子实体生理特性研究（二）：菌丝发育成子实体的条件[J].食用菌，19（2）：6-7.

陈惠群，刘洪玉，杨晋，等.1997.羊肚菌子实体生理特性研究（三）：气候对羊肚菌子实体发生的影响[J].食用菌，19（6）：2-3.

陈惠群，刘洪玉.1995.尖顶羊肚菌生物学特性的研究[J].食用菌，17（5）：18-19.

付晓燕，范黎.2006.羊肚菌菌丝体培养及菌丝分化研究[D].首都师范大学硕士学位论文.

何培新，刘伟，蔡英丽，等.2015.我国人工栽培和野生黑色羊肚菌的菌种鉴定及系统发育分析[J].郑州轻工业学院学报（自然科学版），（Z1）：26-29.

何培新，刘伟，贺新生，等.2014.粗柄羊肚菌内生真菌多样性研究[J].郑州轻工业学院学报（自然科学版），（3）：1-6.

何培新，刘伟.2010.粗柄羊肚菌分子鉴定及羊肚菌属真菌系统发育分析[J].江苏农业学报：26（2）：395-399.

贺新生.2017.羊肚菌生物学基础、菌种分离制作与高产栽培技术[M].北京：科学出版社，5.

候志江，程远辉，戚淑威，等.2011.不同浓度草木灰对尖顶羊肚菌菌丝生长及菌核形成的影响[J].西南农业学报，24（5）：2 020-2 022.

雷艳，曾阳，唐勋，等.2013.羊肚菌化学成分及药理作用研究进展[J].青海师范大学学报（自然科学版），29（2）：59-62，65.

李书兰，和晓娜，李安利，等.2012.不同配方培养基对羊肚菌菌丝生长及菌核和子实体形成的影响[J].安徽农业科学，（5）：2 587-2 588，2 593.

龙正海.1997.羊肚菌的研究及其利用开发前景[J].中国生化药物杂志，18（3）：160-162.

罗信昌，陈士瑜.2010.中国菇业大典[M].北京：清华大学出版社.

罗信昌，秦大海，等.2016.羊肚菌有机栽培技术及烹饪食谱[M].北京：中国农业出版社.

邢来君，李明春.2004.普通真菌学[M].北京：高等教育出版社.

熊川，李小林，李强，等. 2015.羊肚菌生活史周期、人工栽培及功效研究进展[J]. 中国食用菌，34（1）：7-12.

中国乡镇企业协会食用菌产业分会课题组.2016.关于我国羊肚菌产业发展的情况调查[R]. 精华本：48-53.